# 目　次


前言 …… Ⅲ
引言 …… Ⅳ
1　范围 …… 1
2　规范性引用文件 …… 1
3　术语和定义 …… 1
4　总则 …… 2
　4.1　监测目的 …… 2
　4.2　监测任务 …… 2
　4.3　监测内容 …… 2
　4.4　使用范围 …… 2
5　基本要求 …… 2
　5.1　一般规定 …… 2
　5.2　地声监测工作程序 …… 3
6　岩质滑坡、崩塌微震监测 …… 4
　6.1　监测仪器选型 …… 4
　6.2　监测网点布设 …… 5
　6.3　监测仪器安装 …… 6
　6.4　监测仪器校验 …… 7
　6.5　监测仪器维护 …… 7
7　泥石流次声监测 …… 7
　7.1　监测仪器选型 …… 7
　7.2　监测网点布设 …… 7
　7.3　监测仪器安装 …… 8
　7.4　监测仪器校验 …… 8
　7.5　监测仪器维护 …… 8
8　泥石流地面震动监测 …… 8
　8.1　监测仪器选型 …… 8
　8.2　监测网点布设 …… 9
　8.3　监测仪器安装 …… 9
　8.4　监测仪器校验 …… 10
　8.5　监测仪器维护 …… 10
9　监测数据采集与数据处理 …… 10
　9.1　数据采集 …… 10
　9.2　微震监测数据处理 …… 10
　9.3　次声监测数据处理 …… 11

9.4 地面震动监测数据处理 …… 11
9.5 监测报告编制 …… 12
附录 A（资料性附录） 地质灾害地声监测设计书提纲 …… 13
附录 B（规范性附录） 地声监测系统指标要求 …… 14
附录 C（资料性附录） 微震传感器安装示意图 …… 16
附录 D（规范性附录） 微震传感器空间位置记录表 …… 18
附录 E（资料性附录） 次声监测仪器安装和基础施工示意图 …… 19
附录 F（规范性附录） 环境噪声测试结果表 …… 21
附录 G（资料性附录） 微震震源定位基本原理 …… 22
附录 H（资料性附录） 地质灾害地声监测报告提纲 …… 23

# 前　言

本标准按照 GB/T 1.1—2009《标准化工作导则　第1部分：标准的结构和编写》给出的规则起草。

本标准附录 A、C、E、G、H 为资料性附录，附录 B、D、F 为规范性附录。

本标准由中国地质灾害防治工程行业协会提出并归口。

本标准起草单位：中国科学院武汉岩土力学研究所、中国地质调查局水文地质环境地质调查中心。

本标准参编单位：长沙矿山研究院有限责任公司、北京科技大学、中国地质环境监测院、甘肃省地质环境监测院、北京市地质研究所。

本标准主要编写人员：周辉、曹修定、张传庆。

本标准参加编写人员：朱勇、郭伟、李庶林、纪洪广、张楠、郭富赟、齐干、杨凡杰、杨凯、林峰、吴顺川、王文沛、宋晓玲、翟淑花、卢景景、王晨辉、陈汝秀、桑文翠、冒建、胡大伟、展建设、高阳、付杰、陈炳瑞、董翰川。

本标准由中国地质灾害防治工程行业协会负责解释。

# 引　言

经过广泛调查研究，认真总结地质灾害地声监测技术方法、实践经验和科研成果，在广泛征求意见的基础上，制定本标准。

本标准共分为九章，包括范围，规范性引用文件，术语和定义，总则，基本要求，岩质滑坡、崩塌微震监测，泥石流次声监测，泥石流地面震动监测，监测数据采集与数据处理。

# 地质灾害地声监测技术指南(试行)

## 1 范围

本标准规定了岩质滑坡、崩塌和泥石流地声监测的仪器选型、网点布设、仪器安装、仪器维护、数据采集、数据处理的技术要求。

本标准适用于岩质滑坡、崩塌的微震监测，以及泥石流的次声和地面震动监测。塌陷、矿震、山崩、雪崩等灾害事件或现象的地声监测可参照执行。

## 2 规范性引用文件

下列文件中的条款通过本文件的引用而成为本文件的条款。凡是注日期的引用文件，其随后所有的修改单(不包括勘误的内容)或修订版，均不适用于本文件，然而，鼓励根据本文件达成协议的各方研究是否可使用这些文件的最新版本。凡是不注日期的引用文件，其最新版本适用于本文件。

GB 50343—2012　建筑物电子信息系统防雷技术规范

GB 4208—1993　外壳防护等级(IP 代码)

DZ/T 0221—2006　崩塌、滑坡、泥石流监测规范

DZ/T 0218—2006　滑坡防治工程勘察规程

DZ/T 0220—2006　泥石流灾害防治工程勘查规范

SY/T 6661—2012　地震检波器的校准方法

## 3 术语和定义

下列术语和定义适用于本文件。

3.1

**地声 geosound**

指崩塌、滑坡、泥石流等地质灾害发生时，近地表岩土体在变形、运动过程中，因内部破裂或与背景岩土体、空气等发生接触和相对运动而产生的弹性波传播过程所形成的微震、次声、地面震动等。

3.2

**微震 micro seism**

地质灾害体发生变形、破裂，在岩土体中传播的弹性波所引起的轻微震动，人体不易感觉，但仪器可以测量。

3.3

**泥石流次声 debris flow infrasound**

由泥石流运动产生且在空气中传播的频率在 20 Hz 以下的声波。

3.4

**地面震动 ground vibration**

由泥石流等地质灾害体的运动产生的灾害体附近地面及浅地表岩土体的震动现象。

3.5

**泥石流活动性 active degree of debris flow**

以发生频次和规模来衡量的泥石流活跃程度。

3.6

**地声监测 geosound monitoring**

采用各种检波器、传感器设备及相关技术，对地质灾害体产生的地声进行监测并获取信息的行为。

3.7

**环境噪声 ambient noise**

源于自然界的风声、水声，以及来自于工业生产、建筑施工、交通运输和社会生活并干扰地声监测的电、磁或声音信号。

## 4 总则

### 4.1 监测目的

获取地质灾害形成、演化、运动过程中的地声信息，为评估地质灾害的活动性、危险性，监测预警和防灾减灾工作提供地声监测数据。

### 4.2 监测任务

a) 根据监测目的和灾害体地声特点，选择适宜的监测方法和仪器设备，布设地声监测网。

b) 采集监测数据，并对监测数据进行分析处理。

### 4.3 监测内容

应根据地质灾害体不同的监测对象选取微震、次声、地面震动等作为监测内容。

### 4.4 使用范围

微震信号适用于岩质滑坡、崩塌危岩体的地声监测，次声和地面震动信号适用于泥石流的地声监测。

## 5 基本要求

### 5.1 一般规定

5.1.1 在开展地声监测前，须做好传感器的标定和传输线缆的检查，做好标志与编号工作。

5.1.2 地声监测所用仪器应符合相应地质灾害数据采集标准相关要求，数据的处理应采用专业软件，具备数据采集、处理、分析、查询管理一体化以及监测成果可视化等功能，数据应实现自动化采集，宜有自检、自校功能，确保稳定。

5.1.3 应确保监测数据的真实性、可靠性和监测质量。

5.1.4 岩质滑坡、崩塌微震监测的监测对象应根据其稳定状态及危害等级，按表 1 中的建议综合确定，滑坡、崩塌危害等级应根据表 2 中的规定划分。

**表 1 岩质滑坡、崩塌微震监测建议表**

| 滑坡、崩塌体的稳定状态 | 危害等级 | | |
|---|---|---|---|
| | 一级 | 二级 | 三级 |
| 不稳定 | 宜测 | 宜测 | 可测 |
| 欠稳定 | 宜测 | 可测 | — |
| 基本稳定 | 可测 | — | — |
| 稳定 | — | — | — |
| 注：滑坡、崩塌稳定性分级应按《滑坡防治工程勘察规程》(DZ/T 0218—2006)中 12.4.6 和 12.5.5 的规定执行。 | | | |

**表 2 滑坡、崩塌危害等级划分**

| 危害等级 | | 一级 | 二级 | 三级 |
|---|---|---|---|---|
| 危害对象 | 城镇 | 威胁人数＞100 人，直接经济损失＞500 万元 | 威胁人数 10 人～100 人，直接经济损失 100 万元～500 万元 | 威胁人数＜10 人，直接经济损失＜100 万元 |
| | 交通干线 | 一、二级铁路，高速公路及省级以上公路 | 三级铁路，县级公路 | 铁路支线，乡村公路 |
| | 大江大河 | 大型以上水库，重大水利水电工程 | 中型水库，省级重要水利水电工程 | 小型水库，县级水利水电工程 |
| | 矿山 | 大型矿山 | 中型矿山 | 小型矿山 |

5.1.5 泥石流次声、地面震动监测的监测对象应根据其活动性及潜在危险性等级，按表 3 中的规定综合确定。

**表 3 泥石流次声、地面震动监测建议表**

| 泥石流活动性分级 | 潜在危险性等级 | | | |
|---|---|---|---|---|
| | 特大型 | 大型 | 中型 | 小型 |
| 极高 | 宜测 | 宜测 | 宜测 | 可测 |
| 高 | 宜测 | 宜测 | 可测 | — |
| 中 | 宜测 | 可测 | — | — |
| 低 | 可测 | — | — | — |
| 注：泥石流活动性分级和潜在危险性等级应分别按《泥石流灾害防治工程勘察规范》(DZ/T 0220—2006)中 5.2.1 和 5.2.3 的规定执行。 | | | | |

5.1.6 地声监测方法宜与其他规范规定的地质灾害监测方法配合使用，相互印证、综合分析、对比研究。

## 5.2 地声监测工作程序

5.2.1 地声监测应遵循图1中规定的程序开展监测工作。

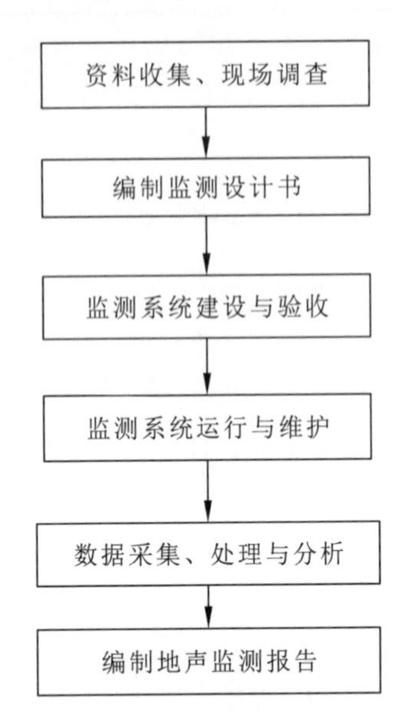


图1 地声监测工作程序

5.2.2 对确定开展地声监测的地质灾害体,应收集的资料主要包括:

a) 自然条件和地质条件,包括水文气象,地形地貌,地层岩性,地质构造,地震和新构造运动等。
b) 岩质滑坡、崩塌或泥石流的特征,包括规模、类型,形成条件和发育过程,变形或活动情况等。
c) 能满足监测点、网布设的地形图、地质图(含平面图、立面图和剖面图)和附近建设现状与规划图。
d) 地质灾害所在区域的电力条件、网络条件、交通情况。
e) 地质灾害所在区域噪声源,包括工厂、大型建筑、发射塔、高压电线等的分布情况。

5.2.3 现场调查应核实前期收集资料的准确性、完整性,对于存在错误和未覆盖的内容,应在现场调查中予以补充更正。

5.2.4 编制地声监测设计书,内容包括:任务来源和监测的重要性,自然条件和地质环境,地质灾害的特征、成因,地声监测方法,传感器选型,传感器布设,监测数据获取和分析方法,监测经费预算。地声监测设计书提纲参见附录A。

5.2.5 监测成果应以月报或年报的形式报送委托单位,汛期或地声信号幅值、能量、持续时间等显著增加时,应辅助现场调查,并以日报、周报的形式加大报送频次,避免重要地声监测信息遗漏。

# 6 岩质滑坡、崩塌微震监测

## 6.1 监测仪器选型

6.1.1 监测用传感器的频率响应应覆盖监测对象微震信号的主频范围,岩质滑坡、崩塌微震主频范围可参考表4确定。

表 4　岩质滑坡、崩塌微震主频范围

| 分类 | | 前兆阶段主频范围/Hz | 发生阶段主频范围/Hz |
|---|---|---|---|
| 灾害类型 | 岩质滑坡 | $10^2$～$10^4$ | 0.01～100 |
| | 岩质崩塌 | | 1～100 |

6.1.2　在岩质滑坡、崩塌的微震主频范围内，监测仪器传感器的线性度误差不应大于 1%。

6.1.3　微震监测系统中的传感器、数据采集仪和监控数据分析软件还应满足附录 B 中表 B.1 中技术指标的要求。

6.1.4　微震监测系统宜采用冗余系统设计方案，无冗余功能的传感器、数据采集仪、传输控制设备、报警模块等必须配备已布设仪器总量 20%且不少于 1 个的备品，长交期备品应增加到总量的 30%且不低于 2 个的备品。

6.1.5　应合理确定单分量及三分量传感器所占的比例，一般为 3∶1，传感器总数不低于 8 个。对于定位精度要求较高的工程，宜尽量选择三分量传感器；在监测通道数有限的情况下，如需监测更大的范围，宜以单分量传感器为主。

6.1.6　传感器引线与信号电缆连接的信号屏应固定在排水良好的基础或专用杆上，信号屏应是户外型，防护等级按《外壳防护等级(IP 代码)》(GB 4208—1993)的规定划分，不应低于 IP66。

6.1.7　数据采集仪的采样频率应根据传感器的频率响应和岩体基本质量等级综合确定，确保微震数据采集完整，无遗漏或失真情况出现，采样频率不应低于信号频率的 5 倍。

6.1.8　数据传输线路应采用双回路方案，可采用不同的敷设路径或不同的传输方式。数据传输方案宜能自动转换，如需手动转换，则应在 5 min 内完成线路切换。

6.1.9　监测数据传输方式应保证数据传输的可靠性和安全性，选择恰当的传输方式：

a）如现场具备电缆敷设条件，传感器与数据采集站之间宜采用有线信号电缆传输，且单条电缆最长不宜超过 300 m，传输距离大于 300 m，应在传感器端添加放大器。

b）如现场不具备电缆敷设条件，传感器与数据采集站之间可采用无线传输，采集站应布设在信号发射功率覆盖范围之内，并与现场服务器的无线接受器之间具备可通视区域。

c）数据采集站到现场服务器之间可采用网络传输，也可采用有线信号电缆传输。

d）现场服务器到数据分析中心、办公室可采用网络传输。

6.1.10　采用多个传感器进行微震监测，应确保时间同步，绝对误差不宜大于 0.1 ms。

## 6.2　监测网点布设

6.2.1　微震传感器阵列宜包络整个目标监测区域，避免传感器阵列平面布设或者长条形布设。

6.2.2　微震传感器阵列宜采用均匀分布原则，不同传感器间距应根据地质条件和传感器频率参数综合确定。

6.2.3　开展滑坡微震监测时，传感器应同时布设在滑坡体和滑坡体周边的稳定区域，布设在周边稳定区域的传感器离滑坡体最远距离不宜超过 30 m。在滑坡体上布设传感器应考虑施工的安全性，不应对滑坡体产生较大的扰动影响。

6.2.4　布设在滑坡体上的微震传感器，可采用图 2 的三角形布设方式，其中 *A* 点可布设三分量传感器，*B* 点、*C* 点、*D* 点布设单分量传感器，数据采集站位于 *A* 点附近。当坡面范围较大时，可设立多组三角形传感器阵列，每组配备一个数据采集站。

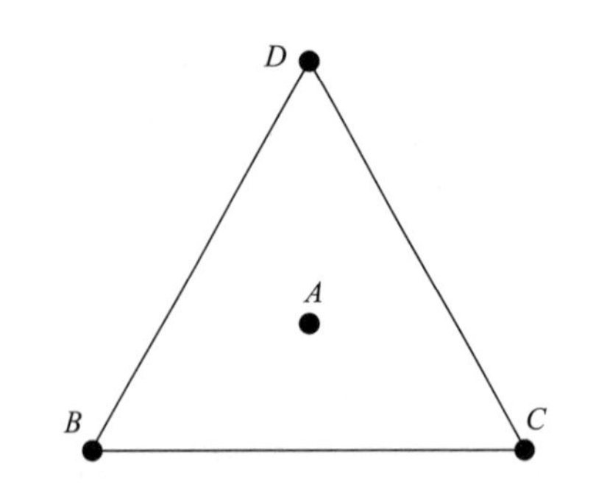


图2 滑坡体上微震传感器布置方式

6.2.5 开展崩塌微震监测时，传感器应布置在崩塌危岩体周边稳定区域，离危岩体最远距离不宜超过 30 m。

6.2.6 传感器阵列的布设位置应避开溶洞、夹层、裂隙、破碎区和液化层，应远离车辆行驶的道路、工厂、大型建筑、发射塔、空调、高压电线等噪声源 1 km 以上，如确因场地限制只能将微震传感器布设在噪声源附近，则应建立该噪声信号的波形特征，以备分析滤除。

## 6.3 监测仪器安装

6.3.1 微震传感器应采用钻孔安装，钻孔可从坡面往下钻垂直孔或下斜孔，也可利用探槽、探洞、平硐或其他已有地下硐室钻水平孔或上斜孔。

6.3.2 钻孔安装前应确保孔内无碎石残渣，并采用水泥砂浆浇灌，砂浆强度等级不得低于 M10。应深入中风化基岩至少 1 m，总体孔深不小于 3 m，确保浇灌砂浆后的传感器与基岩充分耦合。孔径宜为传感器外径的 1.3～1.5 倍，且不应小于 32 mm。安装示意图参见附录 C 中图 C.1 和图 C.2。

6.3.3 若钻孔为水平孔、下斜孔或垂直孔，应利用安装杆将带电缆线的传感器放置至孔底，排气管应放置于孔口，防止被砂浆堵住无法排出孔内空气，注浆管应深入底部，距孔底 1 m～2 m 为宜，浆液注满标准与上倾孔时要求一致。

6.3.4 若钻孔为上斜孔，应利用安装杆将带电缆线的传感器与排气管捆绑伸入孔底，孔口应采用木塞密封，排气管、注浆管和电缆线可从木塞的预制孔中穿出，注浆管不宜深入底部，以探入孔内 1 m～2 m为宜，应以排气孔溢出浆液为注满标准。

6.3.5 如因地质条件限制，传感器只能埋设在断层或其他破碎岩层中，应采用导波杆作为辅助工具。

6.3.6 传感器安装完成后，应对其进行编号，并记录其所在的空间位置坐标，记录结果应写入附录 D 中表 D.1。

6.3.7 数据采集仪应安装在室内，并应符合《建筑物电子信息系统防雷技术规范》(GB 50343—2012)关于防雷的有关规定。室内所有金属外壳、金属门窗、进出的金属管线都应与等电位箱做可靠连接。接地电阻不宜大于 4 Ω，宜采用等电位放射式连接，禁止串接。如周边岩层接地电阻大于 16 Ω，宜采用换土法或导电剂加以改善。进出建筑物的线缆、管线也必须做等电位可靠连接。

6.3.8 数据采集仪应安装在距地面 1.4 m～1.6 m 高度位置，采集仪上方应避开窗户和管路。

6.3.9 采用电缆传输时，线路宜采用埋地敷设，穿越路基、构造物、河流湖泊等，与其他管道交叉必须穿金属保护管。

6.3.10 传输电缆在开阔地带或易遭雷击处严禁采用架空敷设。

6.3.11 监测系统用电等级为一级，宜配备不间断电源或发电机。供电系统宜采用自动转换装置，如需手动转换，应能在 5 min 内完成供电线路的切换。发电机或其他备用电源的接地必须与主电源的接地做等电位可靠连接。

6.3.12 监测系统供电回路严禁与其他大功率设备同用，并应配备稳压器。

6.3.13 在低温高寒地区，室外缆线应选择耐寒类型，或采取其他有效的防寒措施。

### 6.4 监测仪器校验

监测仪器安装完成后，应进行监测灵敏度测试和系统校验，根据传感器布阵方案分析监测区域最小可监测能级分布情况，滑坡监测核心目标监测区域最小可监测矩震级宜达－1.5 级。

### 6.5 监测仪器维护

6.5.1 微震监测应建立现场监测保障制度，定期对设备进行维护并对场地内及场地周围规定距离内的环境进行巡视检查，对可能影响监测结果的因素应当及时排除或向有关部门反映，及时采取补救措施。

6.5.2 对于滑坡或崩塌风险高的灾害点，应建立 3 班 24 h 工作制，定期观察、巡视现场线路和设备工作状况，及时排查出现的故障。

## 7 泥石流次声监测

### 7.1 监测仪器选型

7.1.1 次声传感器的频率响应应覆盖泥石流次声的主频范围，一般为 3 Hz～18 Hz。

7.1.2 传感器应具有优良的频率响应特性，能最大程度消除人类活动、动物、流水声等无效声频率的干扰。

7.1.3 次声监测系统的传感器、数据采集模块、通信系统、供电系统、后台监控软件还应满足本标准附录 B 中表 B.2 中技术指标的要求，所有模块元器件，均应使用质量可靠的产品，确保次声监测系统的正常运行。

7.1.4 根据泥石流沟的水文、气象、环境条件，可选择太阳能或风能供电，与之相匹配的蓄电池应至少能维持监测系统 1 个月的工作时间，以确保监测系统在持续阴雨天或无风天气能正常工作。

7.1.5 次声监测系统应具有报警信息的远程传输和离线传输功能，能够实现远程唤醒、远程报警、远程监控和远程维护，可设置报警值并在达到报警值时报警，提供信息查询和历史追溯功能，具有良好的人机交互性能。

7.1.6 当泥石流次声监测仪数据发送模块出现故障或通讯网络无法正常通信时，应将监测数据存储至设备存储器，待数据能够正常发送时进行发送或后期人工采集。

7.1.7 监测数据通信方式的选择应按照工作可靠、维护便捷以及能充分利用当地现有通信资源等原则确定。

### 7.2 监测网点布设

7.2.1 泥石流次声监测仪器宜在泥石流沟下游附近或沟口外至少布设 1 台监测仪器。

7.2.2 次声监测设备应布设在泥石流沟岸 50 m 范围内的稳定平台上，须有良好的通气（风）条件，以便次声信号进入。

7.2.3 监测设备半径 3 m 范围内不能有建筑及树木遮挡，无线传输信号稳定。

7.2.4 观测场地应避开铁路、公路、工矿等地方。

7.2.5 因环境改变导致初步选址不符合要求时，应重新选择监测仪器布设场地。

### 7.3 监测仪器安装

7.3.1 次声监测仪器宜采用一体化安装，传感器、数据采集模块、蓄能电池、供电系统、通讯系统宜置于通风的建筑物内，该建筑物可距流通区数千米，应有较好的通视性。如在室外，则应置于保护箱内，保护箱应具备防雨、防风、防腐蚀的功能，应在保护箱的下部设计百叶窗式通风口，确保泥石流次声信号能进入保护箱并被次声传感器接收。

7.3.2 无线传输天线应置于保护箱外，确保数据传输顺畅。

7.3.3 保护箱应高于地面 1.8 m 以上，可将保护箱绑定在金属空心立杆上，应确保立杆和保护箱安装牢固，避免仪器箱振动产生的谐振噪声信号，立杆应置于稳定基座之上，并应安装避雷装置。监测仪器安装和基座施工参见附录 E。

7.3.4 如采用太阳能作为供电系统，应将太阳能电池板支架固定在立杆上，并确保太阳能板方向朝南。

7.3.5 应在次声监测设备周边加设防护栏，防护栏应适应户外条件，抗腐蚀、防锈能力强，受温度、冻融、雨水、大风等影响小，防护栏与设备及配件边界之间应留出至少 30 cm 间隙。

### 7.4 监测仪器校验

7.4.1 次声监测仪器安装完成后，应针对风声、暴雨径流、地震、人为落石、雷声等现象进行背景噪声测试，内容包括次声频率、次声声压强度、震动强度、持续时长等，测试结果写入附录 F 表格作为数据分析的依据。

7.4.2 应对次声监测仪器进行检验，确保监测仪器能够记录动态变化次声声压值，根据动态声压值判断是否可能发生泥石流。

### 7.5 监测仪器维护

每年汛期前、后至少对监测系统各维护一次，包括传感器标定、运行环境测试、外观检查、各模块测试、仪器校正以及供电设施维护等，确保汛期运行正常。

## 8 泥石流地面震动监测

### 8.1 监测仪器选型

8.1.1 地面震动监测系统主机应有覆盖监测区域的足够通道数，且不低于 4 通道，数据采集存储模块应能实时采集和存储地面震动信号，具有接收和记录压力、温度等外部信号的功能。

8.1.2 地震检波器应具有优良的频率响应特性，能最大程度消除人类活动、动物、流水声等无效声频率的干扰。

8.1.3 地震检波器的频率响应应覆盖泥石流地面震动信号的主频范围，一般为 30 Hz～150 Hz。

8.1.4 地震检波器到前置放大器之间的信号电缆长度应不超过 2 m，以阻抗 50 Ω 的同轴电缆为宜。

8.1.5 前置放大器到系统主机之间的信号电缆应能屏蔽电磁噪声干扰，信号电缆衰减损失应每 30 m小于 1 dB。

8.1.6 数据传输应采用两种以上的无线通讯方式，应在一种通讯方式中断时自动切换至另一种通讯方式继续传输，确保数据传输的可靠性。

8.1.7 远程分析监控平台应具有数据接收、存储、调取、查询、分析等功能，同时具有上位机下发命令的功能。

8.1.8 监测仪器应具有能适应环境条件的能力，包括抗腐蚀、耐温、抗寒、防水防潮、抗雷击、抗冲击、防振动等能力。

8.1.9 监测仪器应具有报警信息的远程传输和离线传输功能，能够实现远程唤醒、远程报警、远程监控和远程维护，可设置报警值并在达到报警值时报警，提供信息查询和历史追溯功能，具有良好的人机交互性能。

## 8.2 监测网点布设

8.2.1 泥石流地面震动监测点应在泥石流沟的上、中、下游各布设一个，如图3所示，每条泥石流沟布设的地震检波器不少于3个，每组地震检波器之间布设距离不应小于200 m。对于多支沟的泥石流沟，需在各泥石流支沟流通区中段分别布设监测点。

8.2.2 地震检波器应布设在基岩沟岸上，如有土层、杂物覆盖，应清理干净，如基岩不平整，可在基岩上浇筑混凝土平台，然后安装地面震动传感器。

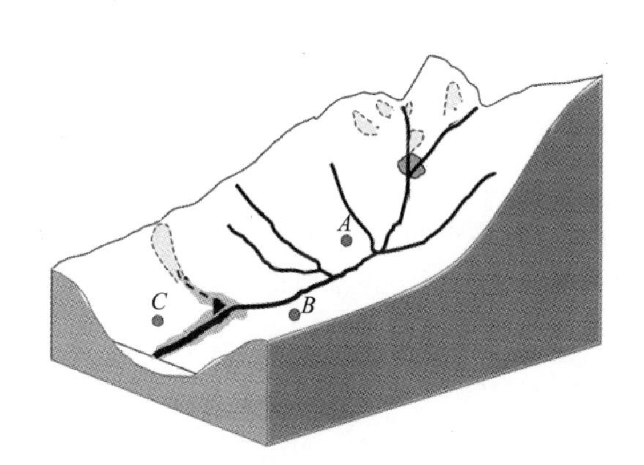


图3 典型沟谷型泥石流地震检波器布设方式示意图

8.2.3 地震检波器应布设在泥石流流通区受冲击的岸边或岸上，以达到高灵敏度接收地面震动信号，但要避开泥石流直接冲击。

8.2.4 地震检波器的布设应远离人类活动区，远离公路、铁路等易产生振动区，远离电磁波能量密集处。

## 8.3 监测仪器安装

8.3.1 地震检波器应紧密贴合基岩或混凝土平台，传感器应有防护罩及防潮隔热措施，应用混凝土将整个传感器及防护罩埋设，安装方法参见附录C中图C.3。

8.3.2 应采取以下防护措施减少环境对传感器的影响：

a） 传感器应采用气密外壳进行封装，并采用干燥剂防潮。

b） 传感器应避开电磁干扰，应与信号电缆和电源线保持一定的距离。

c） 传感器的安装应使用绝缘底座，避免对地回路引起的噪声。

d） 传感器应满足雷电防护要求，信号电缆长度不应超过300 m。

8.3.3 地面震动监测仪器的数据采集模块、蓄能电池、通讯系统等应置于保护箱内，无线传输装置应置于保护箱之外,保护箱的安装和基座施工可参照本标准 7.3.3,供电系统和防护措施可分别参照本标准 7.3.4 和 7.3.5。

### 8.4 监测仪器校验

监测仪器安装完成后,应根据《地震检波器的校准方法》(SY/T 6661—2012)中的规定进行校准,确保各项技术指标符合要求后开始监测。

### 8.5 监测仪器维护

参照本标准 7.5 的规定。

## 9 监测数据采集与数据处理

### 9.1 数据采集

**9.1.1** 微震监测数据应保证微震信号的实时采集、处理和发送,微震事件波形应获得有效记录及触发,用于震源定位的监测数据获取的有效通道不宜少于 4 个。

**9.1.2** 降雨期间泥石流次声和地面震动监测应实时进行数据采集、处理和发送,记录数据的同时应记录同步时间。

**9.1.3** 泥石流次声声压值的观测时间应以北京时间为准,每日降雨应以北京时间 8 时为日分界时间。

**9.1.4** 数据采集系统应配备滤波功能,不同类型的噪声可采用以下方法滤除:

a) 电流干扰、机械振动干扰等具备固定频率段的干扰源,宜采用陷波滤波器滤除。

b) 底噪干扰较大时,宜采用限幅滤波器滤除。

c) 特定的低频噪声源或高频噪声源,宜采用高通滤波器或低通滤波器滤除。

### 9.2 微震监测数据处理

**9.2.1** 微震监测信号滤噪应遵循以下技术路线:

a) 从微震监测系统获取实测波形信息。

b) 建立噪声及岩石破裂典型信号的波形特征。

c) 微震信号类型识别。

d) 噪声滤除,获得岩石破裂真实信号。

**9.2.2** 应分析微震现场监测可能遇到的噪声类型,提取爆破、开挖、钻进、电气等典型噪声及岩石破裂典型信号的波形特征,噪声信号源及其波形特征可根据实际情况增减。

**9.2.3** 不同类型的微震信号可按如下方法识别:

a) 岩石破裂有效信号受干扰较小的工程可通过示波窗人工识别波形类型。

b) 特定类型的岩石破裂信号可通过信噪比、振幅或波形历时等指标识别波形类型。

c) 平稳型噪声可通过小波- AIC 方法进行识别。

d) 复杂环境下岩石破裂有效信号受干扰较大的工程可采用多指标识别方法。

**9.2.4** P 波、S 波到时应按如下方法选取:

a) 应选取波形图上第一个突起的像素点为 P 波粗略到时点,在该点处放大波形图,通过左右移动像素点进行人工细调,获取最终的 P 波到时,见图 4。

b） 应选取P波到时点之后波形振幅突然跳起的像素点为S波粗略到时点，在该点处放大波形图，通过左右移动像素点进行人工细调，获取最终的S波到时，见图4。

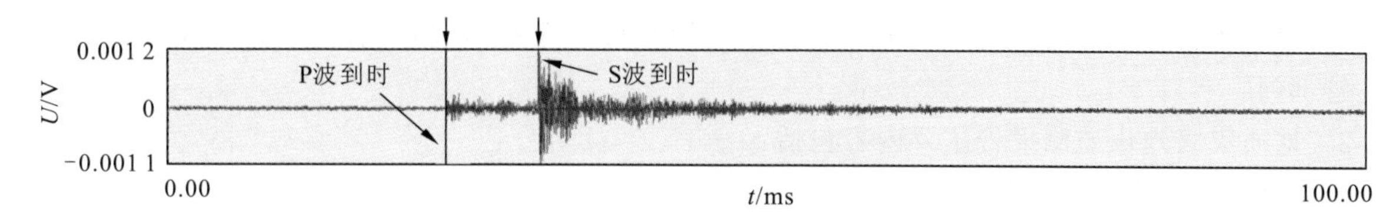


图4 P波、S波到时拾取示意图

9.2.5 微震监测系统波速模型应采用人工定点爆破试验确定，方法如下：

a） 在传感器阵列范围内分散布设爆破点，布点数量不少于6个。

b） 记录爆破点空间位置坐标。

c） 进行小药量非微差爆破，记录爆破时间。

d） 拾取各传感器所接收到的人工定点爆破P波或S波到时。

e） 根据传感器到时、坐标和爆破时间、爆破源坐标，进行定位误差分析，选择误差最小的P波或S波波速作为波速模型。

9.2.6 获取微震时间后，应开展震源空间定位分析，震源定位的基本原理参见附录G。震源定位可采用以下方法：

a） 震源位于传感器阵列内时，可采用牛顿迭代法。

b） 震源位于传感器阵列边缘时，可采用单纯形法。

c） 震源位于传感器阵列外时，可采用粒子群分层定位算法。

9.2.7 应利用振动能量计算事件规模，并深入分析以下基本参数：

a） 微震能量。

b） 震源震级，如矩震级、近震震级等。

c） 地震矩。

d） 视应力。

e） 动态应力降。

f） 静态应力降。

9.2.8 微震事件空间定位和能量分析结果应形成可视化图件，在三维或二维监测区地质图上对照显示。

## 9.3 次声监测数据处理

9.3.1 可采用以下方法对泥石流次声波形进行识别：

a） 采用频谱分析和时频分析方法，识别泥石流次声的主频范围。

b） 结合波形特征，如振动持续时间、波形外形轮廓特征、波形振动幅值等特征，识别波形类型。

9.3.2 可采用带通滤波的方法提取特定频段的波形信息，获取特征频率段的总声功率，换算为声压。声压超过阈值时，可启动远程通信设备上报数据，也可直接启动报警器。

## 9.4 地面震动监测数据处理

9.4.1 宜采用频谱分析方法，识别泥石流引起的地面震动信号的主频范围。

9.4.2　宜结合振动持续时间、振动幅值等特征，识别泥石流引起的地面震动波形。

## 9.5　监测报告编制

9.5.1　监测单位应按规定对地声监测数据资料进行分析处理并形成相应的报告，提交给委托单位或主管部门。

9.5.2　地质灾害地声监测报告主要内容包括：

a)　自然地理和地质概况。

b)　地质灾害特征与成因。

c)　反映主要监测数据和主要地声事件的频谱、波形、持续时间特征、空间位置、能量特征的图件。

d)　地质灾害地声活动特征和发展趋势分析。

e)　结论和建议。

9.5.3　地声监测结果应与其他监测方法的监测结果进行对照分析，以便对地质灾害体及其隐患的变化趋势、稳定性或活动性做出客观评价；地声监测报告可引用其他方法的监测结果作为辅助说明。

9.5.4　地声监测技术报告应按附录H所规定的提纲进行编写。

# 附 录 A
# （资料性附录）
# 地质灾害地声监测设计书提纲

## A.1 前言

说明监测工作区的地理位置，行政区划，自然地理环境，工程地质、水文地质概况，交通条件，任务来源，工作时间，监测方法，监测仪器设备，人员构成，完成工作量以及质量评述。

## A.2 监测对象、目的和工作内容

说明监测对象的特征、监测目的、监测任务、监测方法、监测网布设原则等。

1. 监测对象的灾害特征、成因、危害情况、发展情况，如已经或即将采取其他监测方法，可适当进行描述。

2. 监测目的和监测任务。

3. 监测对象的范围。

4. 监测方法。

5. 监测网布设原则。

## A.3 监测仪器选型

说明监测仪器设备选型的依据，说明拟使用的监测设备的名称、型号、相关参数，以及监测仪器对于监测对象的适应性。

1. 传感器的选型。

2. 数据传输方式。

3. 数据采集、分析软件。

## A.4 监测网络的布设

说明监测仪器的布设，监测系统校准、环境噪声测试、监测保障措施。

1. 传感器拟布设空间位置(含空间坐标、平面图、剖面图)。

2. 环境噪声防护措施。

3. 监测系统的校准、灵敏度测试。

4. 背景噪声测试结果。

5. 监测保障措施。

## A.5 相关图件

1. 工程地质平面图、剖面图。

2. 传感器布设平面图、剖面图。

3. 通信光缆、数据采集站布设平面图。

# 附 录 B
# （规范性附录）
# 地声监测系统指标要求

微震监测系统技术指标宜满足表B.1中的要求，次声监测系统技术指标宜按表B.2中的要求。

**表B.1 微震监测系统指标要求**

| 项目 | 指标 | 要求 |
|---|---|---|
| 加速度传感器 | 灵敏度 | 0.5 V/g以上 |
| | 动态响应 | 95 dB或以上 |
| | 使用环境温度 | −10 ℃～60 ℃ |
| | 外壳材质 | SUS304或以上 |
| | 防水级别 | 20 m及以上水深 |
| 速度传感器 | 灵敏度 | 25 V/(m/s)以上 |
| | 动态响应 | 95 dB或以上 |
| | 使用环境温度 | −10 ℃～60 ℃ |
| | 外壳材质 | SUS304或以上 |
| | 防水级别 | 20 m水深 |
| 数据采集仪 | 数字化采集模块 | A/D模块−24 Bit或以上 |
| | 采样频率 | 2 kHz以上，可软件(或硬件)设定 |
| | 通道 | 单站点多个加速度或速度传感器输入接口 |
| | 同步信号 | 同步源为系统时钟或GPS或网络时间或其他 |
| | 数据通信接口 | 以太网口或总线接口等可远传功能 |
| 数据分析软件 | 主机通信配置 | 双网卡 |
| | 数据采集/控制 | 触发类型设置，各通道开关设置，采样频率设置 |
| | 可视化功能 | 波形动态显示，事件定位三维显示，能级显示 |
| | 信号人工处理 | 波形截取和缩放，频谱分析，软件滤波分析 |
| | 报表功能 | 事件报告自动生成文档 |
| | 语言界面 | 中文或英文 |

表 B.2 次声监测系统指标要求

| 项目 | 指标 | 要求 |
|---|---|---|
| 次声传感器 | 灵敏度 | 50±4 mV/Pa |
| | 频率响应 | 1 Hz～20 Hz±2 dB<br>符合 IEC 1094－4 标准(WS2 型)<br>低频(－3 dB)<2 Hz |
| | 声场类型 | 自由场 |
| | 均压方式 | 后均压 |
| | 动态范围上限 | 100 Pa |
| | 本底噪声 | <16 dB |
| | 工作温度 | －40 ℃～＋70 ℃ |
| | 相对湿度 | 0%～98% |
| 次声数据采集模块 | 声压范围 | 0 Pa～100 Pa |
| | 值守功耗 | <0.5 W |
| | 次声信号有效识别时间 | ≤1 min |
| | 工作温度范围 | －20 ℃～＋70 ℃ |
| | 运算能力 | 具备频谱现场分析能力，不需要将波形传输到中心分析，保障快捷性和稳定性 |
| | 报警方式 | 支持前端直接报警或后台命令报警 |
| 通信系统 | 通信信道 | 有线通信或无线通信 |
| 供电系统 | 无日照连续工作时间 | >30 d |
| 后台监控软件 | 数据收集 | 数据监控、入库 |
| | 远程控制 | 可远程配置平安报周期、数据上报阈值、报警阈值等参数，具备历史数据提取功能 |
| | 输出 | 具备数据查询功能和导出功能，监测曲线显示 |

# 附　录　C
## （资料性附录）
## 微震传感器安装示意图

微震传感器孔内安装示意图见图 C.1，斜孔安装示意图见图 C.2，地震检波器地表安装示意图见图 C.3。

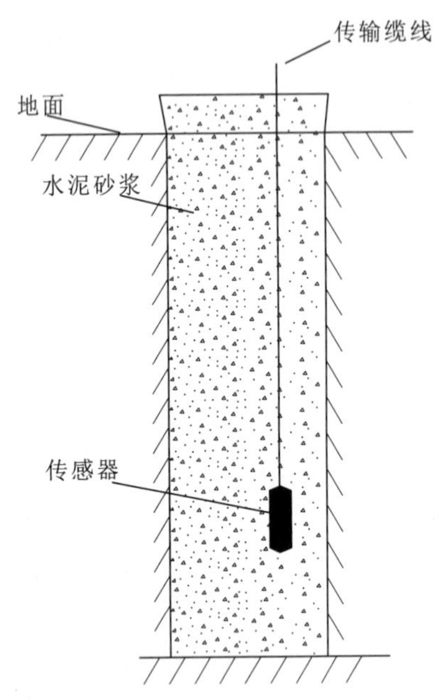


图 C.1　微震传感器孔内安装示意图

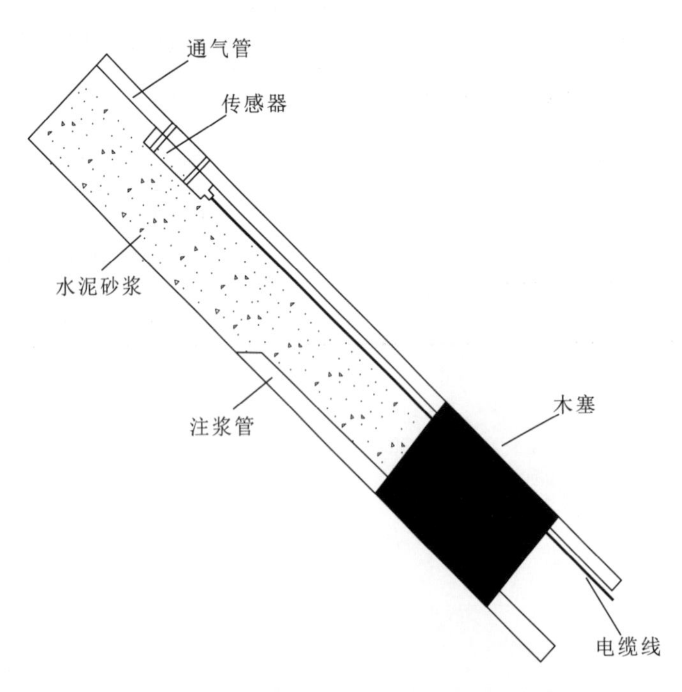


图 C.2　微震传感器上斜孔安装示意图

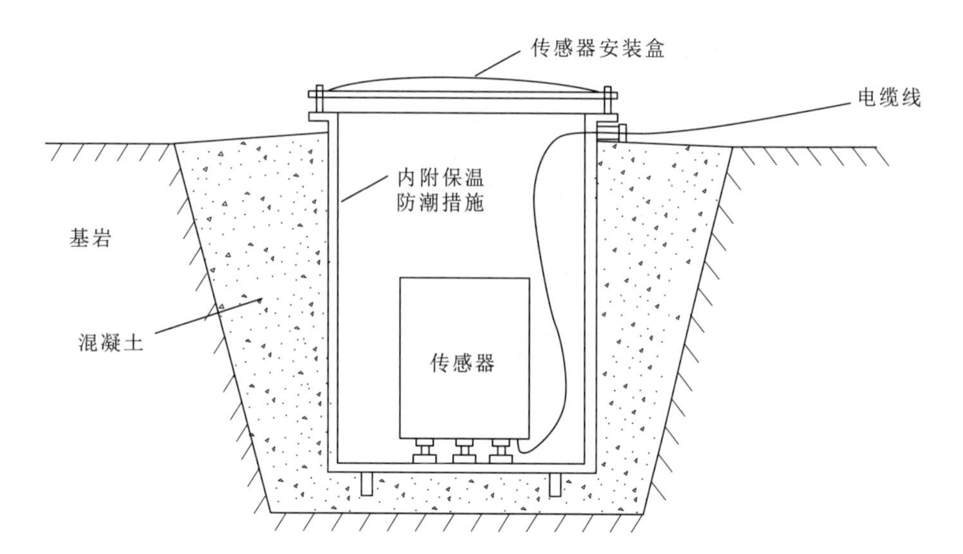


图 C.3　地震检波器地表安装示意图

# 附　录　D
## （规范性附录）
## 微震传感器空间位置记录表

微震传感器的空间位置应记入表 D.1 中。

**表 D.1　微震传感器空间位置记录表**

| 传感器编号 | 空间位置(大地坐标系) | | | 备注 |
|---|---|---|---|---|
| | $X$/m | $Y$/m | $Z$/m | |
| | | | | |
| | | | | |
| | | | | |
| | | | | |
| | | | | |
| | | | | |
| | | | | |
| | | | | |
| | | | | |
| | | | | |
| | | | | |
| 传感器空间位置(平面图) | | | | |

# 附　录　E
## （资料性附录）
## 次声监测仪器安装和基础施工示意图

次声监测仪器安装示意图见图 E.1。

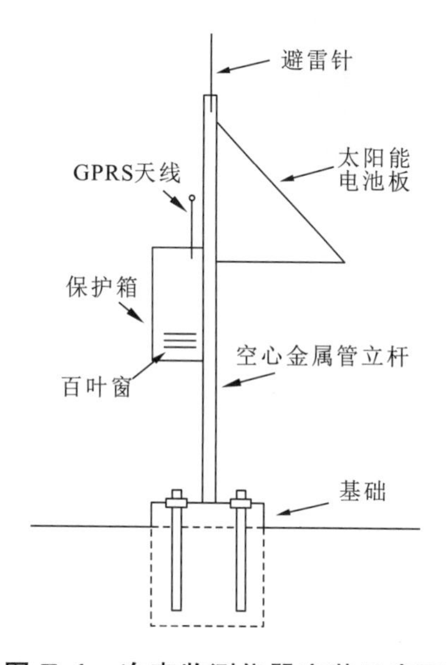


图 E.1　次声监测仪器安装示意图

对于松散土层而言，基坑开挖方式为人工开挖，尺寸不小于 500 mm×500 mm×1 000 mm（长×宽×深），基底处理方式为人工夯实，基坑浇筑混凝土强度不低于 C25，浇筑后的基座顶部应保持水平，混凝土养护期满后方可进行仪器安装。松散土层基础施工示意图见图 E.2。

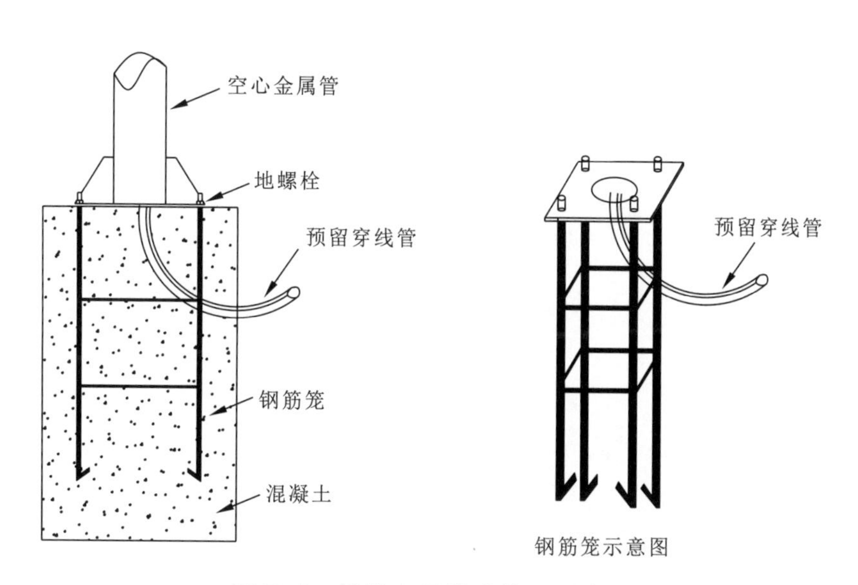


图 E.2　松散土层基础施工示意图

对于基岩地层来说，基础施工可以采用岩石凿孔下放钢筋的方式进行基础建设，岩石凿孔深度不少于500 mm，下钢筋后用C30混凝土浇筑凿孔和钢筋，在露出地面后浇筑一个100 mm高方平台，顶部保持水平，混凝土养护期满后方可进行仪器安装，基岩层内基础施工示意图见图E.3。

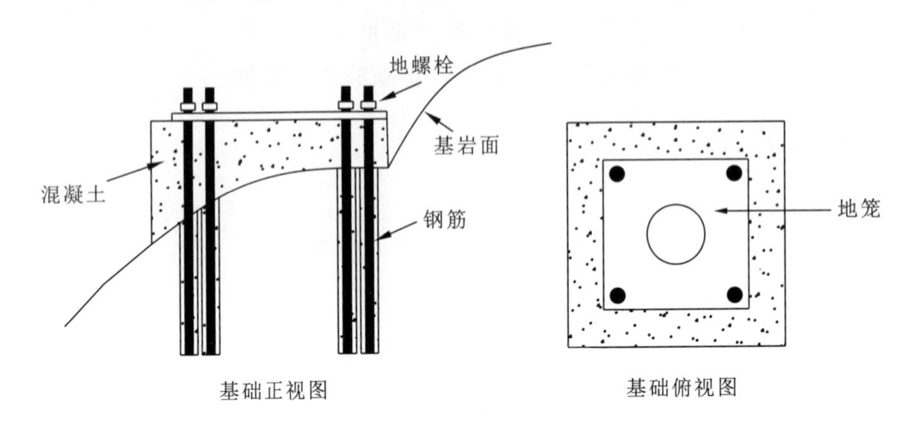


**图E.3　基岩地层基础施工示意图**

# 附　录　F
## （规范性附录）
## 环境噪声测试结果表

环境噪声测试结果表见表F.1。

表F.1　环境噪声测试结果

| 测试内容 | 次声频率/Hz | 震动频率/Hz | 声压/Pa | 震动强度/(mm/s) | 持续时长/s |
| --- | --- | --- | --- | --- | --- |
| 风声 | | — | | — | — |
| 暴雨径流 | | | | | |
| 地震 | | | | | |
| 人为落石 | | | — | | |
| 雷声 | | — | | — | |
| 注：地震的环境噪声测试选取监测对象所在区域历史地震数据作为环境噪声测试依据，没有历史地震数据的，则选择邻近区域历史地震数据作为环境噪声测试依据。 | | | | | |

# 附　录　G
## (资料性附录)
## 微震震源定位基本原理

微震事件的震源是利用微震事件到时差值、波速模型和传感器空间坐标进行定位的，基本原理如下：

如图 G.1 所示，设 $S(x_0, y_0, z_0, t_0)$ 和 $T_i(x_i, y_i, z_i, t_i)$ 分别表示微震事件震源和第 $i$ 个传感器，其中，$x_0, y_0, z_0$ 和 $x_i, y_i, z_i$ 分别表示震源和传感器的空间坐标，$t_0$ 和 $t_i$ 分别表示震源发震时刻和第 $i$ 个传感器的弹性波初至观测到时。设第 $i$ 个传感器的计算到时为 $t_{ci}$，则 $t_{ci}$ 可用下式描述：

$$t_{ci} = t_0 + t_{ti}(T_i, S)$$

式中：

$S$——震源参数，记 $S=(x_0, y_0, z_0, t_0)^{\mathrm{T}}$；

$T_i$——第 $i$ 个传感器参数，记 $T_i=(x_i, y_i, z_i, t_i)^{\mathrm{T}}$，$i=1,2,3,\cdots,n$，$t_{ti}(T_i, S)$ 为第 $i$ 个传感器的计算走时。

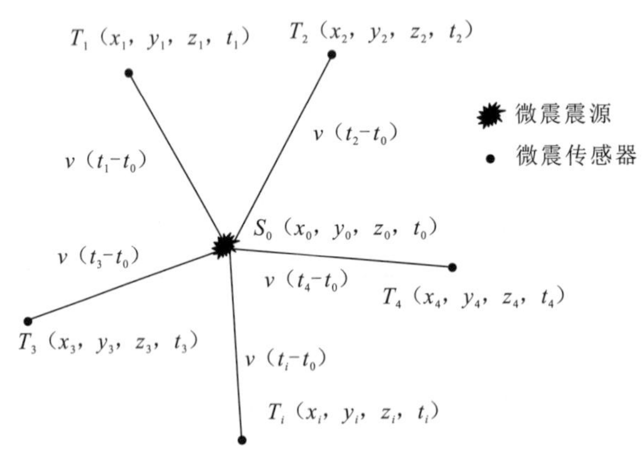


**图 G.1　到时不同震源定位原理示意图**

弹性波从震源到达传感器 $T_i$ 的计算走时 $t_{ti}(T_i, S)$ 可由下式表示：

$$t_{ti}(T_i, S) = \int_S^{T_i} \frac{\mathrm{d}S}{v_i(s, y, z)}$$

式中：

$v_i(s, y, z)$——弹性波从声源到第 $i$ 个传感器的波速。

实际应用中，可通过人工定点爆破的方式确定波速，此时基于到时不同理论的震源定位方程可用下式进行描述：

$$\sqrt{(x_i - x_0)^2 + (y_i - y_0)^2 + (z_i - z_0)^2} = v_p(t_i - t_0)$$

式中：

$i$——$i=1,2,3,\cdots,m,\cdots,n$，其中 $m$ 表示未知数的个数，$n$ 表示方程数，即有效传感器的个数。为了求解上式必须满足 $n \geqslant m$。

通常情况下，需采用统计学理论对震源参数进行优化分析，常用于震源定位的优化分析方法有 USBM 震源定位方法、Inglada 震源定位方法、经典的 Geiger 法、Thurber 法、Powell 法、单纯形定位算法、双重残差法等。

# 附 录 H
## (资料性附录)
## 地质灾害地声监测报告提纲

### H.1 前言

说明监测工作区的地理位置，行政区划，自然地理环境，工程地质、水文地质概况，交通条件，任务来源，工作时间，监测方法，监测仪器设备，人员构成，完成工作量以及质量评述。

### H.2 监测对象、目的和工作内容

说明监测对象的特征、监测目的、监测任务、监测方法、监测网布设原则。

### H.3 监测仪器选型

说明监测仪器设备选型的依据，说明使用的监测设备的名称、型号、相关参数，以及监测仪器对于监测对象的适应性。

### H.4 监测网络的布设

说明监测仪器的布设、安装，监测系统校准、背景噪声测试、监测保障措施。

1. 传感器拟布设空间位置(含空间坐标、平面图、剖面图)。
2. 环境噪声防护措施。
3. 监测系统的校准、灵敏度测试。
4. 背景噪声测试结果。
5. 监测保障措施。

### H.5 地质灾害地声监测数据分析

对监测数据进行分析处理，形成反映主要监测数据和主要地声事件的频谱、波形、持续时间特征、空间位置、能量特征的图件。

### H.6 结论与建议

按不同的监测对象，初步判断地质灾害地声活动情况，对下一阶段的监测计划进行简要介绍。

### H.7 附件

1. 工程地质平面图、立面图、剖面图。
2. 传感器布设平面图、剖面图。
3. 通信光缆、数据采集站布设平面图。
4. 数据分析成果图。